ARCHITECTURAL
RENDERING BIBLE
建筑表现牛皮书

II

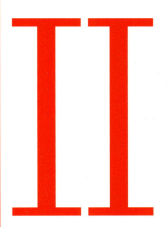

居住建筑

Residence
ARCHITECTURE

凤凰空间·上海　编

江苏人民出版社

CONTENTS

VILLA

别墅

山东花蔓庭
设计单位：深圳启正房地产投资顾问有限公司
绘图单位：深圳市朗形数码影像传播有限公司

山东花蔓庭
设计单位：深圳启正房地产投资顾问有限公司
绘图单位：深圳市朗形数码影像传播有限公司

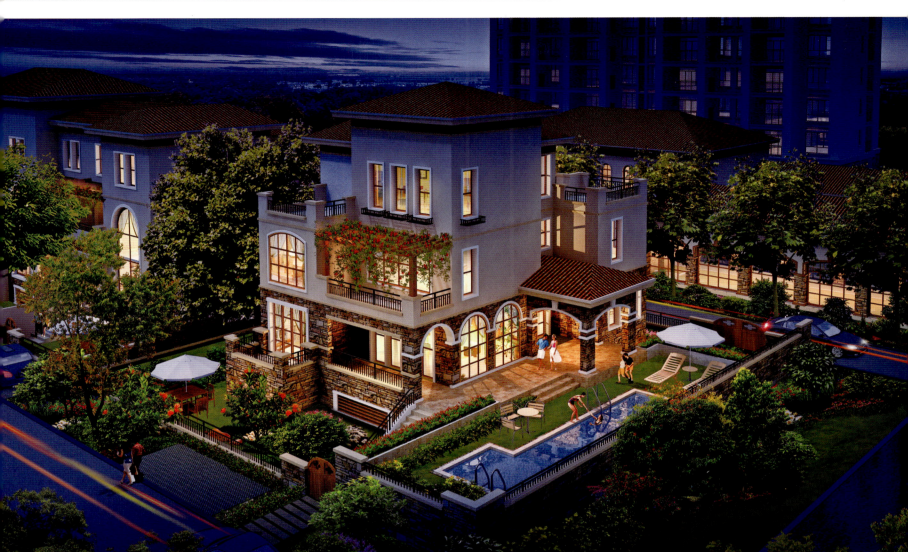

上水溪谷
设计单位：沈阳龙玺房地产开发有限公司
绘图单位：深圳市朗形数码影像传播有限公司

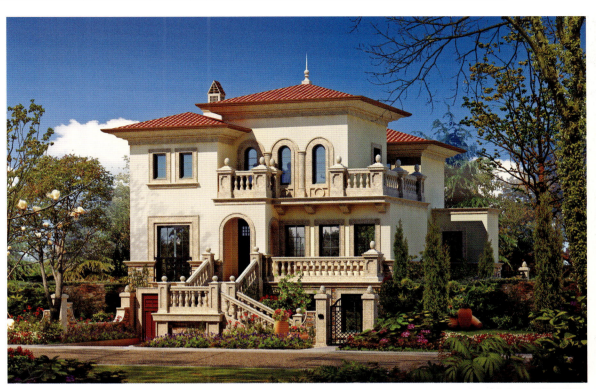

014　别墅

1. 乐山
设计单位：上海豪张思建筑设计有限公司
绘图单位：上海鼎盛建筑设计有限公司

2. 首创置业银河湾三期
绘图单位：沈阳水晶立方设计有限公司

3. 伯仕庄园
绘图单位：宁波市土豆多媒体设计有限公司

1. 新密别墅
　设 计 师：张刚
　绘图单位：郑州玖月图文设计有限公司

2. 景瑞太仓
　设计单位：上海柏涛（PTA）
　绘图单位：上海谷地建筑设计咨询有限公司

某小区
绘图单位：重庆海侨文化传媒有限公司

水溪沟规划
绘图单位：北京未来空间建筑设计咨询有限公司

1. 新疆骑马山别墅
   设计单位：大橡建筑
   绘图单位：上海谷地建筑设计咨询有限公司

2. 某别墅
   绘图单位：上海桥智建筑设计有限公司

商丘上海花园设计
设计单位：上海锐博建筑设计工作室
绘图单位：上海写意数字图像有限公司

沿海武汉别墅
设计单位：深圳市承构建筑咨询有限公司
绘图单位：深圳市朗形数码影像传播有限公司

沿海武汉别墅
设计单位: 深圳市承构建筑咨询有限公司
绘图单位: 深圳市朗形数码影像传播有限公司

重庆永川来龙湖别墅区规划
设计单位：重庆纬图景观设计有限公司
绘图单位：重庆巽震数码影像设计有限公司

1. 英式住宅小区
绘图单位：沈阳中建凡艺建筑设计有限公司

2. 某别墅
绘图单位：深圳市原创力数码影像设计有限公司

天新公路1号地块

设计单位：柏涛

绘图单位：上海翰境数码科技有限公司

太湖水榭山
设计单位：日清／吴一超
绘图单位：上海翰境数码科技有限公司

1. 漠河别墅
设计单位: 哈尔滨工业大学建筑学院
绘图单位: 哈尔滨一方伟业文化传播有限公司

2. 泰安别墅
设计单位: 上海林同炎李国豪土建工程咨询有限公司
绘图单位: 上海非思建筑设计有限公司

1

1

国浩湘家荡地块
设计单位：宏正建筑设计院
绘图单位：杭州景尚科技有限公司

046

别墅

1. 蓝田住宅
设计单位：北京易兰建筑规划设计有限公司
绘图单位：北京图道影视多媒体技术有限责任公司

2. 红磡领世郡别墅
设计单位：天津天友建筑设计
绘图单位：天津天砚建筑设计咨询有限公司

某住宅
绘图单位：广州市千水数码技术有限公司

1. 大连红星海
设计单位：浦慧建筑（PHD）
绘图单位：上海谷地建筑设计咨询有限公司

2. 金地天津
设计单位：上海柏涛（PTA）
绘图单位：上海谷地建筑设计咨询有限公司

3. 某小区
设计单位：江苏省院
绘图单位：丝路数码技术有限公司

1. 中心岛别墅
   绘图单位：沈阳水晶立方设计有限公司

2. 美兰湖别墅
   设计单位：上海恩威建筑设计有限公司
   绘图单位：上海鼎盛建筑设计有限公司

1. 德清雅兰国际公馆
   设计单位：上海柏涛（PTA）
   绘图单位：上海谷地建筑设计咨询有限公司

2. 北京绿地大兴
   设计单位：上海柏涛（PTA）
   绘图单位：上海谷地建筑设计咨询有限公司

3. 某住宅
   绘图单位：大连景熙建筑绘画设计有限公司

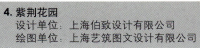

逸林会所
设计单位：宏正建筑设计院
绘图单位：杭州景尚科技有限公司

某别墅
设计单位：宁波核力设计公司
绘图单位：宁波锦绣华绘图文有限公司

某别墅
设计单位：深圳市东大建筑设计有限公司
绘图单位：深圳市朗形数码影像传播有限公司

1. 复地集团
   设计单位：天华一所
   绘图单位：丝路数码技术有限公司

2. 大湾茶田山庄
   设 计 师：张愈
   绘图单位：上海赫智建筑设计有限公司

3. 某别墅
　　设计单位：宁波工程设计院／王善明
　　绘图单位：宁波江东屹欧博图文设计有限公司

1. 浦江三期别墅
　设计单位：ECS
　绘图单位：上海赫智建筑设计有限公司

2. 海源别墅
　设计单位：上海思纳史密斯建筑设计咨询有限公司
　绘图单位：上海鼎盛建筑设计有限公司

湖州项目
设计单位：上海PRC建筑咨询有限公司
绘图单位：上海瑞丝数字科技有限公司

1. 康封腾冲
　　设计单位：深圳万脉设计
　　绘图单位：深圳市水木数码影像科技有限公司

2. 仓房沟别墅
　　绘图单位：北京未来空间建筑设计咨询有限公司

1. 桃花源别墅
绘图单位：重庆市渝中区天力电脑设计有限责任公司

2. 怀化住宅
设 计 师：袁晔
绘图单位：深圳市水木数码影像科技有限公司

1. 高尔夫别墅
设计单位：上海恩威建筑设计有限公司
绘图单位：上海鼎盛建筑设计有限公司

2. 别墅
绘图单位：上海鼎盛建筑设计有限公司

新密某庄园
设 计 师：张 刚
绘图单位：郑州玖月图文设计有限公司

奉贤大宅
设计单位：日清
绘图单位：上海翰境数码科技有限公司

无锡鸿山书院
设计单位：上海嘉量建筑设计有限公司
绘图单位：上海桥智建筑设计有限公司

福州金域榕郡
设计单位：日清
绘图单位：上海翰境数码科技有限公司

福州金域榕郡
设计单位：日清
绘图单位：上海翰境数码科技有限公司

中小院项目

设计单位：沈阳永丰房屋开发有限公司／张仕达

绘图单位：上海翰境数码科技有限公司

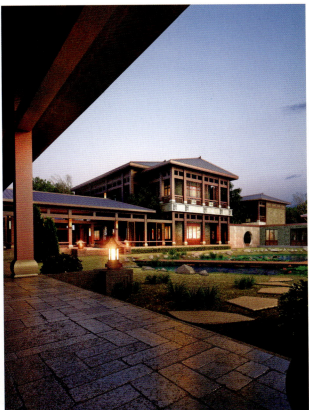

中小院项目
设计单位：沈阳永丰房屋开发有限公司／张仕达
绘图单位：上海翰境数码科技有限公司

世茂余姚
设计单位：日清
绘图单位：上海翰境数码科技有限公司

1. 西安别墅
设计单位：深圳市朗形数码影像传播有限公司
绘图单位：深圳市朗形数码影像传播有限公司

2. 某别墅
设计单位：风景堂
绘图单位：大连景熙建筑绘画设计有限公司

1. 湖州景瑞
设计单位：日清
绘图单位：上海翰境数码科技有限公司

2. 尼泊尔私家公馆
设计单位：天津天唐筑景建筑设计咨询有限公司
绘图单位：天津天唐筑景建筑设计咨询有限公司

阳浦江华侨城
设计单位：天华建筑二所／李柏
绘图单位：上海翰境数码科技有限公司

金秀项目
设计单位：北京中外建建筑设计有限公司深圳分公司
绘图单位：深圳市朗形数码影像传播有限公司

1. 某别墅
设 计 师：毛静华
绘图单位：宁波江东屺欧博图文设计有限公司

2. 舟山顶级别墅
设计单位：TOP国际事务所／苏伟
绘图单位：宁波江东屺欧博图文设计有限公司

大龙湖昕水湾
设计单位：上海盛睿建筑设计有限公司
绘图单位：上海桥智建筑设计有限公司

116 别墅

1. **某别墅方案**
   绘图单位：东莞市莞城天海图文设计工作室

2. **某别墅1**
   绘图单位：广州市千水数码技术有限公司

3. **某别墅2**
   绘图单位：广州市千水数码技术有限公

金逸庄园
设计单位：北京SYN建筑社稷
绘图单位：映像社稷（北京）数字科技有限公司

1. 联排别墅
绘图单位：广州威影设计有限公司

2. 宁波集市港
设计单位：北京SYN建筑社稷
绘图单位：映像社稷（北京）数字科技有限公司

122 别墅

1. 怀来官厅公共艺术小镇
　设计单位：北京华汇工程建筑设计有限公司
　绘图单位：天津景天汇影数字科技有限公司

2. 地中海别墅
　设计单位：SSNNG
　绘图单位：上海写意数字图像有限公司

1. 日照别墅
　设计单位：东方华太建筑设计院
　绘图单位：北京艺景轩建筑设计咨询有限公司

2. 某别墅
　设计单位：天津市亚库建源建筑规划设计有限公司
　绘图单位：天津瀚梵文化传播有限公司

1

1

1. 岳西
绘图单位：上海鼎盛建筑设计有限公司

2. 杭州坡地
设计单位：上海迈栋建筑设计有限公司
绘图单位：上海鼎盛建筑设计有限公司

同里
设计单位：上海中房建筑设计有限公司
绘图单位：上海鼎盛建筑设计有限公司

景德镇别墅
设计单位：南昌长宇／杨家宾
绘图单位：南昌艺构装饰设计有限公司

千頃蓼葭十裡洲
溪居宜月更宜秋
鸕鷈掠水高僧舍
鶴鴒巢雲名士樓
蒼葡蔓分飛鷺羽
荻蘆花散釣魚舟
黃橙紅柿紫菱角
不羨人間萬戶侯

1. 中式联排别墅
　设计单位：市院
　绘图单位：江东屹欧博图文设计有限公司

2. 天津中式大宅
　设计单位：日清
　绘图单位：上海翰境数码科技有限公司

1. 老四合院改造工程
设计单位：山西某房地产开发有限公司
绘图单位：西安鼎凡数字科技有限公司

2. 中式小住宅
设计单位：中国美术学院风景建筑设计研究院
绘图单位：杭州博凡数码影像设计有限公司

COMMUNITY WITH MULTI-
STORY BUILDINGS

多层社区

太原得一理想国
设计单位：上海方度国际建筑事务所
绘图单位：上海桥智建筑设计有限公司

1. 太原得一理想国
设计单位：上海方度国际建筑事务所
绘图单位：上海桥智建筑设计有限公司

2. 某项目
绘图单位：南京碧天建筑景观设计有限责任公司

无锡鸿山书院
设计单位：上海嘉量建筑设计有限公司
绘图单位：上海桥智建筑设计有限公司

152

1. 天津世纪百城项目
　　设计单位：深圳市承构建筑设计咨询有限公司
　　绘图单位：深圳市千尺数字图像设计有限公司

2. 中润嘉兴
　　设计单位：上海柏涛（PTA）
　　绘图单位：上海谷地建筑设计咨询有限公司

多层社区

1. 曦城花语
　　设计单位：上海海天建筑设计有限公司
　　绘图单位：上海创昊艺术设计有限公司

2. 宁波华茂
　　设计单位：上海柏涛（PTA）
　　绘图单位：上海谷地建筑设计咨询有限公司

3. 中泰峰境花园
　　设计单位：景森工程设计
　　绘图单位：广州威影设计有限公司

156

多层
社区

1. 广州中海
　设 计 师：袁晔
　绘图单位：深圳市水木数码影像科技有限公司

2. 金地赵巷
　设计单位：上海骏地（JWDA）
　绘图单位：上海谷地建筑设计咨询有限公司

3. 咸宁温泉谷
　设计单位：天华五所／王媛
　绘图单位：上海翰境数码科技有限公司

1

2

蓟县项目
设计单位：华汇工程建筑设计
绘图单位：天津天砚建筑设计咨询有限公司

1. 两岸568庄园
设计单位：陈鸿明建筑师事务所　　张荣屏建筑师事务所
绘图单位：沈阳市景文建筑绘图设计有限公司

2. 临港新城
设计单位：上海建科建筑设计院有限公司
绘图单位：上海曼延数字科技有限公司

3. 某住宅
设计单位：大连远洋地产
绘图单位：大连景熙建筑绘画设计有限公司

扬州万科
设计单位：日清
绘图单位：上海翰境数码科技有限公司

1. 老君堂改造
设计单位：北京龙安建筑设计院
绘图单位：映像社稷（北京）数字科技有限公司

2. 银湖水榭
设计单位：武汉搏胜房地产公司
绘图单位：武汉四维水晶石数码科技有限公司

规划
设计单位：云翔中国
绘图单位：上海赫智建筑设计有限公司

鄂伦春住宅
设计单位：哈尔滨市拓普装饰设计有限公司
绘图单位：哈尔滨市拓普装饰设计有限公司

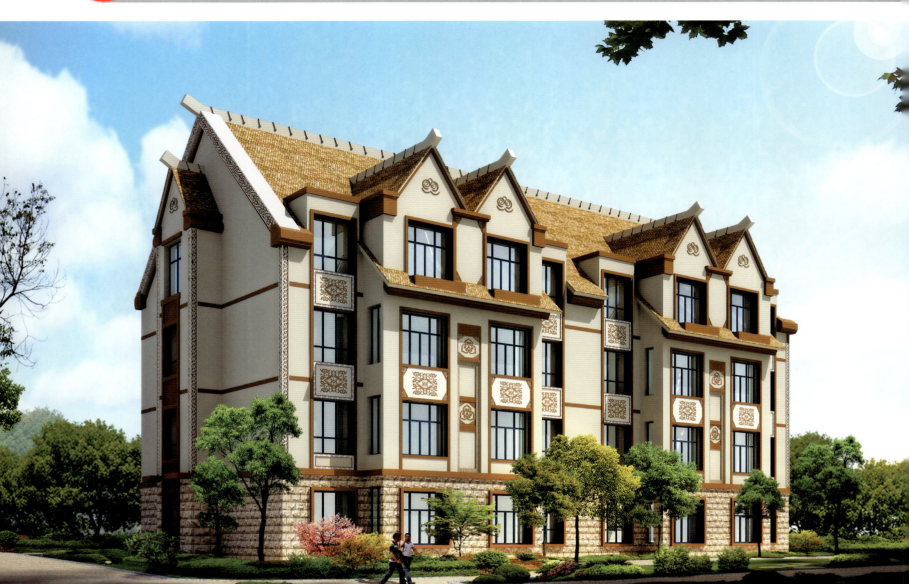

1. 某住宅
设计单位：上海水石国际
绘图单位：上海瑞丝数字科技有限公司

2. 丹东市某住宅小区
设计单位：上海建筑设计研究院
绘图单位：沈阳中建凡艺建筑设计有限公司

3. 大石桥市某项目
绘图单位：沈阳中建凡艺建筑设计有限公司

金地花园洋房
设计单位：日清／赵晶鑫
绘图单位：上海翰境数码科技有限公司

上海中粮
设计单位：日清
绘图单位：上海翰境数码科技有限公司

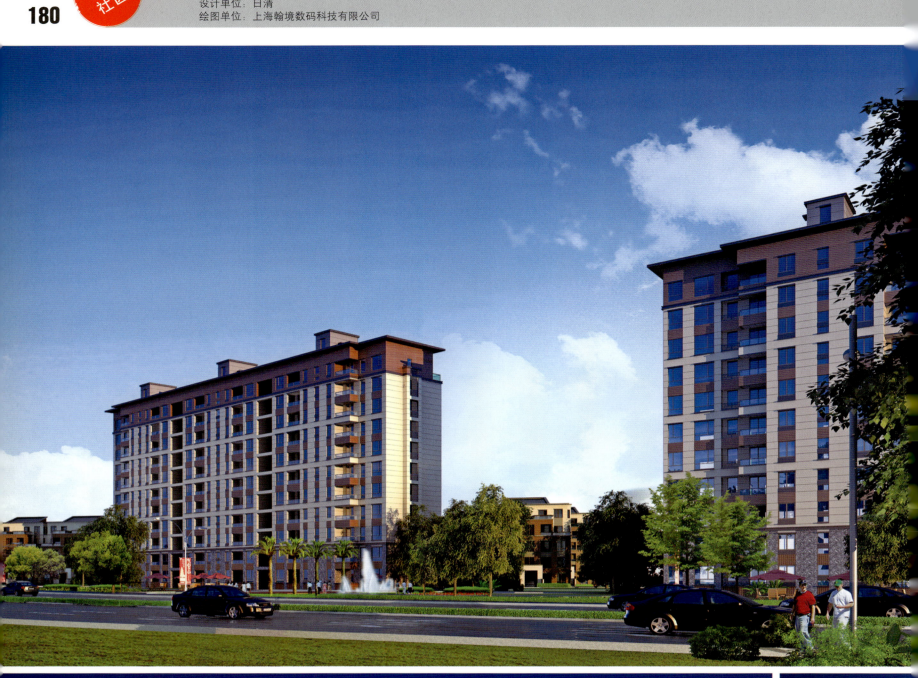

APARTMENT

公寓

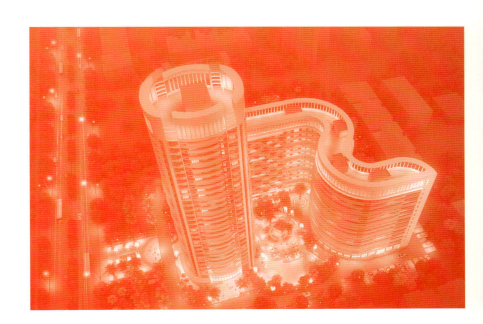

1. 汇鑫湾项目
　　设计单位：中机十院深圳分院
　　绘图单位：深圳市水木数码影像科技有限公司

2. 蛇口海上世界高层公寓
　　设计单位：思邦建筑设计咨询(上海)有限公司
　　绘图单位：杭州博凡数码影像设计有限公司

1. 某公寓
设计单位：长沙市华银建筑设计院
绘图单位：长沙一川数字科技有限公司

2. 某酒店公寓
设计单位：南京市建筑设计研究院
绘图单位：西安鼎凡数字科技有限公司

公寓

1

1. 那香缇
　设计单位：北京易兰建筑规划设计有限公司
　绘图单位：北京图道影视多媒体技术有限责任公司

2. 老年公寓
　设计单位：宁波市房屋建筑设计研究院
　绘图单位：宁波江东屹欧博图文设计有限公司

COMMUNITY WITH HIGH-RISE BUILDINGS

高层社区

1. 曦城花语
设计单位：上海海天建筑设计有限公司
绘图单位：上海创昊艺术设计有限公司

2. 云浮某小区
设计单位：亚瑞建筑设计公司
绘图单位：深圳市原创力数码影像设计有限公司

东方溪谷
设计单位：上海PRC建筑咨询有限公司
绘图单位：上海瑞丝数字科技有限公司

1. 东方溪谷
设计单位：上海PRC建筑咨询有限公司
绘图单位：上海瑞丝数字科技有限公司

2. 云南江北C区
设计单位：北京市政
绘图单位：映像社稷（北京）数字科技有限公司

206

1. 中海苏州金阊地块
　设计单位：天华五所
　绘图单位：上海翰境数码科技有限公司

2. 东莞项目
　设计单位：中建国际（CCDI）
　绘图单位：深圳市千尺数字图像设计有限公司

208

1. 中海大连
　　设计单位：上海水石国际
　　绘图单位：上海瑞丝数字科技有限公司

2. 玉龙华府二期
　　设计单位：深圳市建筑设计研究总院第三设计院
　　绘图单位：深圳市水木数码影像科技有限公司

3. 某项目
 设计单位：上海PRC建筑咨询有限公司
 绘图单位：上海瑞丝数字科技有限公司

高层社区

华润
设计单位：日清
绘图单位：上海翰境数码科技有限公司

高层
社区

1. 郑州绿地
设计单位：上海柏涛（PTA）
绘图单位：上海谷地建筑设计咨询有限公司

2. 某高层住宅
设计单位：高专建筑设计
绘图单位：宁波江东屹欧博图文设计有限公司

216

1. 爱涛天意园
   设计单位: 南京市建筑设计研究院
   绘图单位: 西安鼎凡数字科技有限公司

2. 乐山
   设计单位: 上海大橡建筑设计事务所
   绘图单位: 上海鼎盛建筑设计有限公司

3. 某项目

设计单位：上海水石国际

绘图单位：上海瑞丝数字科技有限公司

贵阳万科小河动力厂
设计单位：日清
绘图单位：上海翰境数码科技有限公司

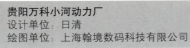

嘉宝梦之湾
设计单位：日清
绘图单位：上海翰境数码科技有限公司

1. 金地杭州萧山项目
　设计单位：致逸
　绘图单位：上海翰境数码科技有限公司

2. 红古滩住宅小区
　设计单位：上海构想
　绘图单位：上海翰境数码科技有限公司

1. 名流二期
　　设计单位：日清
　　绘图单位：上海翰境数码科技有限公司

2. 苏州木渎
　　设计单位：日清
　　绘图单位：上海翰境数码科技有限公司

1. 某小区方案
绘图单位：东莞市莞城天海图文设计工作室

2. 天琴湾
设计单位：深圳市鑫中建建筑
绘图单位：上海翰境数码科技有限公司

高层社区

1. 两岸568庄园
设计单位：陈鸿明建筑师事务所　张荣屏建筑师事务所
绘图单位：沈阳市景文建筑绘图设计有限公司

2. 天鹅花园
绘图单位：北京未来空间建筑设计咨询有限公司

1. 天嘉湖项目
设计单位：中信地产
绘图单位：天津天砚建筑设计咨询有限公司

2. 欣达小白村
设计单位：北京SYN建筑社稷
绘图单位：映像社稷（北京）数字科技有限公司

248

1. 滨海西路
设计单位：上海米川建筑设计事务所
绘图单位：上海瑞丝数字科技有限公司

2. 海南住宅
设计单位：北京易兰建筑规划设计有限公司
绘图单位：北京图道影视多媒体技术有限责任公司

某住宅小区
设计单位：中国水电顾问集团中南勘测设计研究院
绘图单位：长沙一川数字科技有限公司

COMPREHENSIVE

COMMUNITY

综合社区

某住宅
绘图单位：广州市千水数码技术有限公司

1. 某住宅小区
设计单位：长沙鼎世建筑设计咨询有限公司
绘图单位：长沙一川数字科技有限公司

2. 顺德住宅
设计单位：深圳市建筑设计二院
绘图单位：深圳市水木数码影像科技有限公司

3. 天津陈塘项目
设计单位：深圳市建筑设计研究总院第一分公司
绘图单位：深圳市水木数码影像科技有限公司

4. 烟台万方君府
设计单位：上海标高建筑设计咨询有限公司
绘图单位：上海日盛图文设计有限公司

1. 晋州项目
设计单位：深圳市柏仁建筑工程设计有限公司
绘图单位：深圳市图腾广告有限公司

2. 花源镇规划设计
设计单位：英国阿特金斯上海公司
绘图单位：上海写意数字图像有限公司

洞庭湖别墅区
设计单位：广东黄河置业
绘图单位：长沙原野之星图像设计工作室

1. 洞庭湖别墅区
   设计单位：广东黄河置业
   绘图单位：长沙原野之星图像设计工作室

2. 临港投标
   设计单位：天华二所
   绘图单位：上海翰境数码科技有限公司

信阳住宅
设计单位：深圳市城建工程设计有限公司
绘图单位：深圳市水木数码影像科技有限公司

国浩相家荡地块
设计单位：宏正建筑设计院
绘图单位：杭州景尚科技有限公司

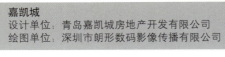

嘉兴万科
设计单位：日清
绘图单位：上海翰境数码科技有限公司

贵阳万科
设计单位：日清
绘图单位：上海翰境数码科技有限公司

贵阳万科
设计单位：日清
绘图单位：上海翰境数码科技有限公司

海湾三期
设 计 师：张建英
绘图单位：上海赫智建筑设计有限公司

南通低价位住宅
设计单位：上海PRC建筑咨询有限公司
绘图单位：上海瑞丝数字科技有限公司

地杰
设计单位：日清
绘图单位：上海翰境数码科技有限公司

地杰
设计单位：日清
绘图单位：上海翰境数码科技有限公司

格力住宅
设计单位：日清／黄小卷
绘图单位：上海翰境数码科技有限公司

格力住宅
设计单位：日清／黄小卷
绘图单位：上海翰境数码科技有限公司

海南住宅
设计单位：上海栖城
绘图单位：上海瑞丝数字科技有限公司

玉龙华府二期
设计单位：深圳市建筑设计研究总院第三设计院
绘图单位：深圳市水木数码影像科技有限公司

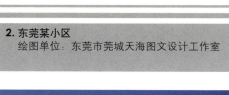

综合社区

1. 宁波集市港
设计单位：北京SYN建筑社稷
绘图单位：映像社稷（北京）数字科技有限公司

2. 海南住宅
设计单位：北京易兰建筑规划设计有限公司
绘图单位：北京图道影视多媒体技术有限责任公司

湛江项目
设计单位：深圳市物业国际建筑设计有限公司
绘图单位：深圳尚景源设计咨询有限公司

1. 某住宅小区
设计单位：中国水电顾问集团中南勘测设计研究院
绘图单位：长沙一川数字科技有限公司

2. 大足某小区
绘图单位：重庆筑典图文设计有限公司

综合
社区

3. 湖南洪江市相思湖房地产综合项目
　　设计单位：四川省建筑设计院 A2建筑工作室／柴铁峰 黄裔 陈科 郭昆灵
　　绘图单位：成都腾风图文设计有限公司

波新农村住宅
设计单位：北京SYN建筑社稷
绘图单位：映像社稷（北京）数字科技有限公司

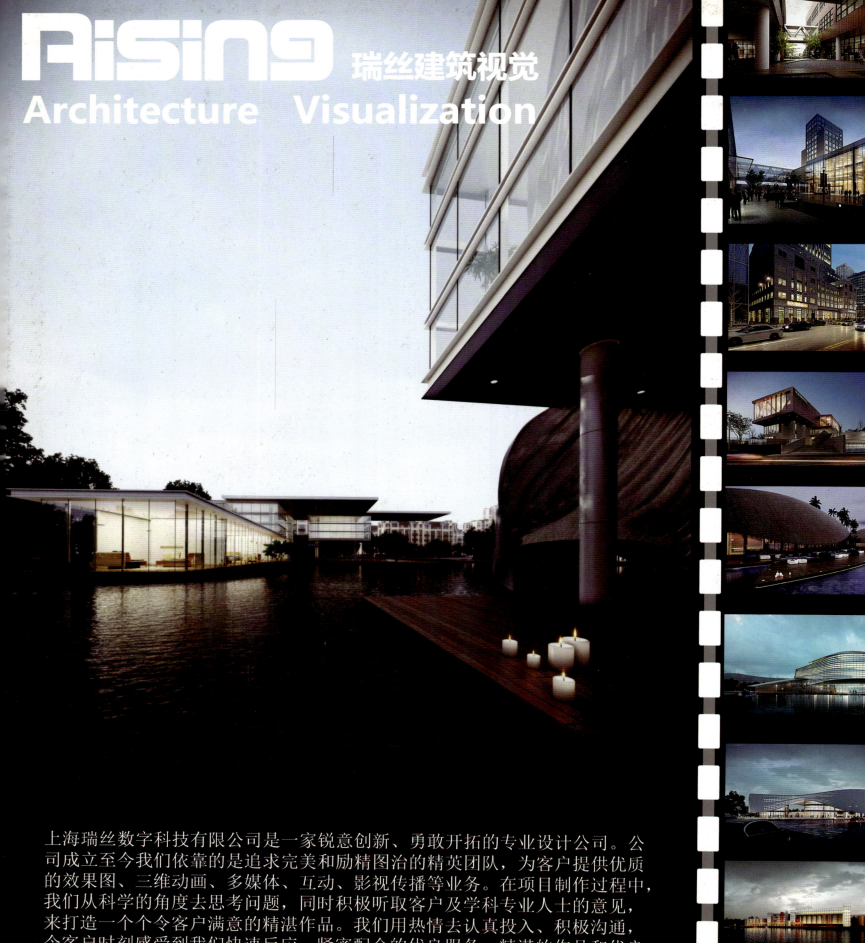

RiSing

瑞丝建筑视觉

Architecture Visualization

上海瑞丝数字科技有限公司是一家锐意创新、勇敢开拓的专业设计公司。公司成立至今我们依靠的是追求完美和励精图治的精英团队，为客户提供优质的效果图、三维动画、多媒体、互动、影视传播等业务。在项目制作过程中，我们从科学的角度去思考问题，同时积极听取客户及学科专业人士的意见，来打造一个个令客户满意的精湛作品。我们用热情去认真投入、积极沟通，令客户时刻感受到我们快速反应、紧密配合的优良服务。精湛的作品和优良的服务使我们赢得了客户的赞誉，好评率达到 90% 以上，因此与国内国际多家大型事务所、房产公司签署了战略合作协议和长期合作计划。
我们的宗旨是：通过精诚合作得到客户的信任和支持，为客户想的更远做得更多，帮助客户赢得成功。

Phone: 021-62182955
Fax: 021-33606785
Http: //www.rsart.net/
Add: 上海市 静安区 西康路 618 号华通大厦 10A

言有物　行有恒

朗形数码
影像传播
LANDSKY DIGITAL VISION MEDIA

Landsky · Digital · Vision · Media

公司地址：
深圳市朗形数码影像传播有限公司
地址：深圳市南山区华侨城OCT创意园二期东北B-1栋5楼西
总机：0755-86106091
传真：0755-86106175
网址：http://www.langxing.com.cn
电子信箱：langxing6666@126.com

效果图市场部：0755-86106116、86106283
效果图制作部：0755-86106007
动画市场部：　0755-86096441

图书在版编目（CIP）数据

建筑表现牛皮书. 第2辑. 居住建筑 / 凤凰空间·上
海编. -- 南京 ：江苏人民出版社，2012.12
　　ISBN 978-7-214-08758-4

　　Ⅰ．①建… Ⅱ．①凤… Ⅲ．①居住建筑－建筑设计－
作品集－中国－现代 Ⅳ．①TU206

中国版本图书馆CIP数据核字(2012)第211364号

建筑表现牛皮书 Ⅱ——居住建筑　　　　　　　　　凤凰空间·上海　编

策划编辑：潘　华　冯　林
责任编辑：刘　焱　潘　华
责任监印：彭李君
出版发行：凤凰出版传媒集团
　　　　　凤凰出版传媒股份有限公司
　　　　　江苏人民出版社
　　　　　天津凤凰空间文化传媒有限公司
销售电话：022-87893668
网　　址：http://www.ifengspace.com
集团地址：凤凰出版传媒集团（南京湖南路1号A楼 邮编：210009）
经　　销：全国新华书店
印　　刷：深圳当纳利印刷有限公司
开　　本：1016毫米×1420毫米 1/16
印　　张：20
字　　数：160千字
版　　次：2012年12月第1版
印　　次：2012年12月第1次印刷
书　　号：ISBN 978-7-214-08758-4
定　　价：336.00元
　　　　（本书若有印装质量问题，请向发行公司调换）